SOCIÉTÉ HISTORIQUE,
ARCHÉOLOGIQUE ET SCIENTIFIQUE
DE SOISSONS.

RECHERCHES

DANS LES

SABLES TERTIAIRES

DES

ENVIRONS DE SOISSONS,

Par M. Ad. WATELET,

Officier d'Académie, Membre de la Société.

FASCICULE N. 1–IV

LAON,

IMPRIMERIE DE ÉD. FLEURY ET AD. CHEVERGNY,
Rue Sérurier, 25

1851. 1853. 1856.

Monsieur le Préfet

Je regrette vivement de ne
pouvoir satisfaire qu'en partie
à la demande de son Excellence
le ministre de l'Intérieur; je manque
complétement de fascicule N°1 et
j'ai été obligé de me dessaisir de
l'un des deux exemplaires de ma
bibliothèque pour en offrir au moins
un. Veuillez Monsieur le Préfet recevoir les
salutations respectueuses de

Votre obéissant serviteur

Ad. Watelet

Soissons le 30 Juillet 1857.

Mbre de l'Académie

SOCIÉTÉ HISTORIQUE,
ARCHÉOLOGIQUE ET SCIENTIFIQUE
DE SOISSONS.

RECHERCHES

DANS LES

SABLES TERTIAIRES

DES

ENVIRONS DE SOISSONS,

Par M. Ad. WATELET,

Membre de la Société.

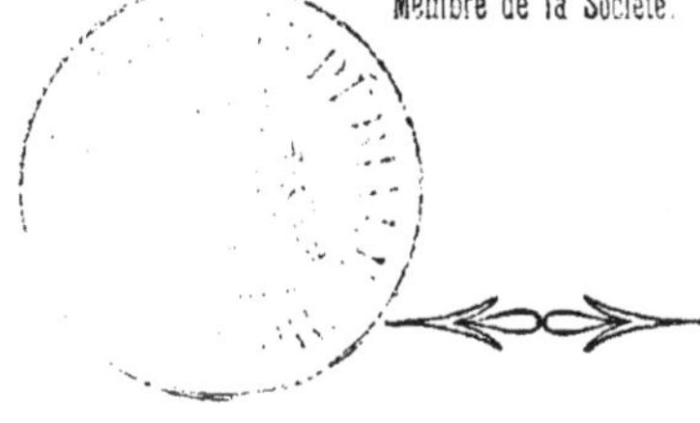

LAON.

IMPRIMERIE DE ÉD. FLEURY ET AD. CHEVERGNY,

Rue Sérurier, 22.

1851.

NOTICE

LUE A LA SOCIÉTÉ HISTORIQUE, ARCHÉOLOGIQUE

ET SCIENTIFIQUE DE SOISSONS.

Un des meilleurs moyens de contribuer au progrès de
la géologie, cette belle science dont les principes repo-
sent en grande partie sur l'observation, serait de former
des collections aussi complètes que possible des fossiles
de chaque arrondissement de la France. On obtiendrait
ainsi la connaissance d'une masse de faits dont les savants pourraient s'emparer et déduire des conséquences
d'un intérêt immense. Le lieu qu'on habite peut être
facilement exploré ; il est très-facile d'y faire des obser-
vations qui, pour les personnes qui n'y passent que peu
d'instants, sont presque impossibles. La science a donc
beaucoup à gagner, à voir faire et à consulter les collections particulières, et à recueillir les notes des personnes
habituées à bien voir.

Désirant contribuer de tout mon pouvoir aux progrès
de cette science, je me suis mis à l'œuvre il y a quelques
années, et je suis maintenant en possession de nombreux
échantillons dont plusieurs sont ou rares, ou inconnus
aux naturalistes.

Mes recherches ont naturellement été faites dans les
terrains des environs de Soissons, où l'on sait que le
groupe des sables inférieurs est très-développé, et même
n'est peut-être nulle part aussi complet. Cet étage auquel
M. Ch. d'Orbigny a imposé le nom de terrain Suessonien,
atteint une puissance de 26 m. dans certaines localités
du département.

Ce groupe est composé de couches assez différentes par les caractères minéralogiques, mais liées entre elles par la continuation de la stratification.

Il s'étend plus loin au nord que le calcaire grossier auquel il sert de base, et qu'il sépare des terrains secondaires. M. d'Archiac, pour en faciliter l'étude, divise ainsi cet étage dans sa *Description géologique du département de l'Aisne*.

Nᵒˢ 1. Glaise et sables glauconieux.

    2. Lits coquilliers.

    3. Sables inférieurs proprement dits.

    4. Grès et poudingues.

    5. Glaise, lits coquilliers, calcaire, lacustre, lignites, argile plastique et marne.

    6. Glauconie inférieure.

Presque tous ces groupes se montrent dans nos environs, mais c'est dans le second que mes recherches devaient être fructueuses ; aussi ai-je multiplié mes soins et mes efforts pour me procurer tous les échantillons que j'ai pu.

Les coquilles caractéristiques de ce lit qui contient un très-grand nombre d'espèces sont : *Nummulina, planulata, neritina conoïdea, turritella, imbricataria*, v. b. *turritella, hybrida*, etc. Les localités de Mercin, d'Osly, de Vauxbuin sont les plus riches, et m'ont fourni des espèces qui paraissent nouvelles et inédites.

Le groupe nᵒ 5 est très-intéressant, tant sous le rapport de l'agriculture que sous celui de la science.

Il n'y a que peu de temps encore que les savants sont à peu près fixés sur l'âge des lignites. Cependant il y a un doute exprimé par M. d'Archiac dans le passage suivant (page 175, de sa *Description géologique du département de l'Aisne*). « Les ossements et les dents de ces » grands mammifères (bœuf, cheval, cerf) trouvés seule- » ment dans la cendrière de Jaulgonne, et l'absence des

« coquilles caractéristiques de l'étage des lignites dans
» cette même localité, nous ont fait penser que ce dépôt
» était peut-être plus récent que les autres. » En est-il
ainsi ?

Il est bien établi pour moi que des ossements sembla-
bles ont été trouvés dans la cendrière d'Osly, qui contient
les fossiles caractéristiques. Je possède une corne de
cerf qui provient de cette localité, et il est à ma parfaite
connaissance qu'une tête d'animal y a été découverte.
Malheureusement les ouvriers n'attachent point assez
d'importance à ces objets qui cependant sont souvent
très-précieux pour la science.

Indépendamment de ces ossements, je me suis procuré
de ce groupe un certain nombre de coquilles dont quel-
ques-unes sont inédites. Il reste donc quelque chose à
déterminer relativement aux lignites.

Il résulte des recherches des géologues et des miennes
qu'un bon nombre d'espèces semblent appartenir en
propre à l'étage Suessonien. Ces terrains méritent, sous
ce rapport et sous plusieurs autres, une étude appro-
fondie.

Beaucoup de ces espèces ont déjà été décrites dans le
bel ouvrage de M. Deshayes, sur les environs de Paris.
Il en dut la connaissance à la collection qu'avait formée
M. Petit, docteur en médecine à Soissons, et qui fut
vendue à sa mort.

Je donne plus bas la description de dix-sept espèces
nouvelles accompagnée de bonnes figures. Les dessins
ont été faits sous la direction de M. Deshayes par l'habile
M. Humbert.

On remarque dans la liste inscrite sur les planches
deux genres qui n'avaient point encore été signalés dans
le bassin de Paris; ce sont : *Cleodora et sepiostera*, et un
dont on ne connaît qu'un très-petit nombre d'espèces,
c'est l'*unio*.

La première planche contient sous les n⁰ˢ 1, 2, 3, 4, 5, la figure de la belle espèce de pholade trouvée d'abord à Cuise-Lamothe par M. l'abbé Levesque, et ensuite par moi. Je n'ai pu résister au désir de la faire figurer, quoique sa localité soit en dehors de l'arrondissement. Elle n'est encore décrite nulle part. C'est pour rappeler que c'est à M. Levesque qu'on en doit la connaissance que je lui ai imposé son nom d'espèce.

Sous les n⁰ˢ 6, 7, 8, on voit une belle espèce d'unio trouvée dans les fossés des remparts de Soissons même. C'est autant pour rendre hommage au haut mérite de M. Deshayes que pour le remercier de ses bons conseils, que je lui ai dédié cette coquille.

La planche 2 porte aussi deux coquilles dédiées l'une à M. Hébert, sous-directeur des études à l'école normale supérieure de Paris, et l'autre à M. Philippar, de son vivant professeur de culture et d'histoire naturelle à Grignon, et à l'école normale primaire de Versailles.

En m'envoyant mes planches, M. Deshayes, avec une attention très-délicate, m'écrit : « J'ai attaché votre nom » à l'une de vos intéressantes espèces. Ce nom était ins- » crit dans ma collection et devait figurer dans mon sup- » plément. Il était bien naturel de le conserver dans » votre publication. »

Il est difficile d'être plus gracieux. J'offre à M. Deshayes l'expression de ma reconnaissance.

DESCRIPTIONS.

I.

Pholade de Levesque. *Pholas Levesquei*. Watelet.

Pl. 1, fig. 1, 2, 3, 4, 5.

Localité : Cuise-Lamotte ; sables inférieurs, groupe n⁰ 2.

Cette espèce est extrêmement remarquable par sa grandeur et sa beauté, et aussi par le bâillement de ses

valves. Elle est presque complètement ovale, si ce n'est
l'échancrure supérieure et inférieure qui rendent la coquille bâillante. Sa surface est couverte de stries d'accroissement régulières et bien espacées. Sa partie anté-
rieure présente sur la surface extérieure des rayons qui
partent des crochets et qui divergent de manière à cou-
vrir la moitié de la coquille. Sa partie postérieure est
parsemée de points ronds et saillants. Les rayons sont
couverts de petites lames relevées, aiguës et triangulaires
et se prolongent en pointe au dehors de la surface.
A l'intérieur, ces rayons sont saillants, mais arrondis. La
charnière est formée d'une dent triangulaire au-dessous
de laquelle on remarque une dépression assez profonde.
Le bord est renversé de manière à cacher les crochets, et
il porte des espèces de ramifications à peine saillantes.
Le cuilleron est arrondi antérieurement et fixé sous la
charnière. La figure 4 donne l'idée de sa forme, et la
figure 5, de sa place et de sa disposition. Le plus grand
individu que je possède a 56 mill. de long et 27 de large.
Cette coquille paraît assez rare.

II.

Crassatelle voisine. *Crassatella propinqua*. Wat. Pl. 1,
fig. 9, 10, 11, 12.

Localités : Vauxbuin, Sermoise; sables inférieurs,
groupe nº 2.

Cette coquille très-mince, transverse, inéquilatérale
et peu bombée, est couverte de stries régulières qui diminuent de grosseur vers les crochets. Postérieurement
elle forme un angle qui se termine presque en bec et au-
delà duquel les stries sont ondulées. Les crochets sont
très-peu sensibles. Le bord interne des valves est crénelé, et la charnière présente deux petites dents cardinales et une fossette pour le ligament. Longueur 22

mill., largeur 15. Je n'ai rencontré cette coquille que dans les localités où le quartz a remplacé le calcaire, dans les dépouilles testacées de mollusques. Commune.

III.

Telline décorée. *Tellina decorata* Wat. Pl. 1,
fig. 16, 17, 18, 19.

Localité : Vauxbuin ; sables inférieurs, groupe n° 2.

L'espèce qui nous occupe est mince et très-fragile, peu gonflée, chargée de stries fines et serrées qui deviennent presque insensibles vers les crochets. Elle est transverse, équivalve et presque équilatérale. Son crochet est peu saillant. Sa lame cardinale étroite porte deux dents cardinales et deux latérales assez écartées. Commune.

Elle a 20 mill. de long et 15 de large, et elle présente les mêmes circonstances de gisement que la précédente coquille.

IV.

Lucine ventrue. *Lucina ventricosa.* Wat. Pl. 1,
fig. 20, 21, 22, 23.

Localité : Mercin ; sables inférieurs, groupe n° 2.

Elle porte des stries concentriques. La lunule et le corselet ne sont pas indiqués au dehors.

Cette coquille est petite, assez mince, orbiculaire et globuleuse. Les stries un peu irrégulières sont quelquefois interrompues par les accroissements. Son crochet est petit et presque droit. Sa charnière porte deux dents cardinales et les dents latérales sont bien apparentes. Les impressions musculaires sont assez grandes et bien marquées. Le bord est crénelé.

Elle est assez commune. 5 mill. de long et presque autant de large.

— 9 —

V.

Pétoncle à dents étroites. *Pectunculus angustidens.*
Wat. Pl. 1, fig. 13, 14, 15.

Localité : Cuisy-en-Almont ; sables inférieurs,
groupe n° 2.

Ce pétoncle est d'une assez petite taille ; sa forme est
orbiculaire, oblique et allongée dans le sens de sa longueur. Cette coquille, dont nous ne possédons qu'une
seule valve, est peu renflée et assez épaisse. Les crochets
sont droits et opposés. Les côtes divergentes qui couvrent la surface et qui partent du sommet sont presque
insensibles vers les crochets, et peu apparentes sur le
reste de la coquille. On remarque des stries d'accroissement peu nombreuses et un peu en escalier. Le bord est
chargé de crénelures assez fortement marquées, mais
qui diminuent de chaque côté en remontant. Le bord
cardinal est irrégulièrement courbé en arc, et les dents
de la charnière sont nombreuses, petites et étroites, et
se continuent sous les crochets sans presque laisser d'es-
pace uni. Il paraît rare.

VI.

Unio de Deshayes. *Unio Deshayesi.* Wat.
Pl. 1, fig. 6, 7, 8.

Localité : Soissons ; lignites, groupe n° 5.

Les valves de cette coquille sont médiocrement épais-
ses. Elle est transverse, très-inéquilatérale, assez bombée
et non auriculée. La surface est presque lisse ; cependant
elle laisse apercevoir quelques stries fines et presque
insensibles vers les crochets ; des accroissements beaucoup plus écartés se laissent aussi deviner sur la surface.
La charnière est formée de dents cardinales à peine la-

melleuses, mais assez fortes. La lame cardinale est assez mince, saillante et très-allongée.

Auprès des impressions musculaires, on voit une petite dépression ronde et assez profonde. Commune, mais toujours écrasée et brisée.

Sa longueur est de 55 mill. et sa largeur de 25.

VII.

Cléodore parisienne. *Cleodora parisiensis*. Wat. Pl. 2. fig. 14, 15, 16.

Localité : Acy ; glaucome supérieure.

Ce genre était déjà connu dans le bassin de Bordeaux, mais non encore dans celui de Paris.

L'espèce qui nous occupe est complétement lisse. Elle est mince, droite et svelte. Vers la pointe, elle est légèrement déprimée, subglobuleuse au milieu et généralement un peu comprimée et évasée autour de l'ouverture qui est ovale. Sur chaque face latérale, on remarque une petite côte qui s'étend de l'ouverture à la pointe qui est aiguë. Quelquefois les bords de l'ouverture sont un peu renversés en dehors. Cette petite coquille a 6 mill. de ong et 3 de large. Elle est assez rare.

VIII.

Mélanopside céritiforme. *Mélanopsis cerithiformis.* Wat. pl. 1, fig. 1, 2.

Localité : Mercin ; sables inférieurs, groupe n° 2.

Cette coquille est allongée, très-peu ventrue, et sa surface parait être rongée comme il arrive souvent dans les espèces de mélanopside. Les tours, au nombre de huit, sont très-peu bombés et séparés par une suture assez profonde ; cependant chaque tour semble recouvrir un peu le précédent. La surface de notre unique échantillon a vraisemblablement porté des stries simples et assez nombreuses la base du dernier tour en est cou-

verte. Elles sont serrées et très-fines. L'ouverture est médiocre, ovale et oblique à l'axe. La columelle est un peu
arquée et en S allongé. Elle est très-rare. Longue de
38 mill., large de 11.

IX.

Paludine mignonne. *Paludina pullus*. Wat. pl. 2,
fig. 5, 6, 7.

Localité : Mercin ; sables inférieurs, groupe n° 2.

Cette espèce assez rare a des caractères qui la rapproche des natices. Nous la rangeons néanmoins et provisoirement parmi les paludines. Cette petite coquille est
assez épaisse ; elle est lisse ; bien que marquée par des
stries d'accroissement. La spire est courte et composée
de six tours arrondis supérieurement et séparés par une
suture assez profonde. Le dernier tour forme plus que
la moitié de la coquille. L'ouverture est ovale, anguleuse supérieurement, et oblique à l'axe. Le péristome est
mince et laisse apercevoir à la base de la columelle un
petit ombilic. Longueur 7 mill., largeur 4.

X.

Cadran Soissonnais. *Salarium Suessoniense*. Wat. pl. 2,
fig. 17, 18, 19.

Localités : Mercin, Osly ; sables inférieurs, groupe n° 2.

Cette espèce fort jolie n'est pas absolument rare. Elle
est subdiscoïde. La spire est arrondie et peu saillante.
On y compte cinq ou six tours nullement convexes, séparés par une suture simple. La surface extérieure est
marquée de quatre stries régulières et inégalement espacées. Elles sont elles-mêmes traversées par d'autres
stries fines et obliques, ce qui forme sur chaque tour
quatre rangs de granulations dont le plus large est immédiatement au-dessous de la suture. La surface inférieure est fortement convexe, et couverte de plis assez

gros et irréguliers. L'ombilic est large ; le bourrelet granulé qui le borde fait saillie à l'intérieur, et est séparée par un sillon peu profond. L'ouverture est arrondie, et les bords minces et tranchants. Cette espèce a 7 mill. de diamètre et 4 de hauteur dans les grands individus.

XI.

Cérite de Watelet. *Cerithium Wateleti.* Desh. pl. 2, fig. 8, 9.

Localités : Vauxrot, Crouy ; lignites, groupe nᵒ 5.

Ce cérite, au premier aspect, se rapproche du cérite des pierres ; cependant il en diffère sous plusieurs rapports. Il est médiocrement allongé, turriculé et assez étroit. La spire, pointue, est composée d'une douzaine de tours arrondis qui portent quelques stries. Les derniers sont en outre marqués par des accroissements qui coupent les stries obliquement. Le bord droit est mince et tranchant et porte une échancrure large et profonde. La columelle est courte, cylindrique et assez épaisse, le canal étroit et fort court. Il est assez rare dans un bon état de conservation.

XII.

Cérite à tours nombreux. *Cerithium polygyratum.* Wat. pl. 2, fig. 20, 21.

Localités : Vauxrot et Crouy ; lignites, groupe nᵒ 5.

Cette coquille est allongée, très-étroite, turriculée et très-pointue au sommet. Les tours nombreux et étroits portent deux carènes simples dans les premiers tours, mais le supérieur est granulé vers les derniers. Ils sont séparés par un sillon cylindrique au fond duquel on voit deux petits filets séparés par la suture, dont l'inférieur est aussi granulé. L'ouverture est subquadrilatère, polite et terminée par un canal très-court. La columelle est torse, et le bord droit, mince et tranchant. Il n'est pas rare dans les localités citées.

XIII.

Cérite de Philippar. *Cerithium Philippardi*. Wat. pl. 2, fig. 24, 25, 26.

Localité : Mercin ; sables inférieurs, groupe n° 2.

La spire de cette espèce est allongée, turriculée et très-pointue au sommet. Les tours sont au nombre de onze ou douze, assez larges, à peine convexes, excepté le dernier qui est fortement arrondi vers la base. Leur surface est marquée par un grand nombre de stries assez régulières et granuleuses à cause des stries transverses qui les coupent obliquement et régulièrement. L'ouverture est un ovale peu modifié. La columelle est en arc de cercle et cylindracée. Le bord droit est simple et mince, et le canal fort court. Cette petite coquille a 10 mill. de long et 3 de large. Rare.

XIV.

Cérite à côtes peu nombreuses. *Cerilium parcè costalum*. Wat. pl. 2, fig. 22, 23.

Localité : Mercin ; sables inférieurs, groupe n° 2.

Ce cérite a quelques points de ressemblance avec le précédent, cependant il en diffère essentiellement sous plusieurs autres. La spire est allongée, turriculée et pointue. Les tours sont assez nombreux, et leur surface est couverte de stries transverses croisées par d'autres longitudinales qui forment des granulations sur les tours inférieurs, et des côtes très-peu saillantes sur quelques-uns seulement des tours supérieurs. L'ouverture est ovale, prolongée supérieurement par un angle aigu, et inférieurement par un canal très-court.

La columelle est arquée, cylindracée et un peu torse. Un peu plus petite que la précédente.

XV.

Cancellaire étroite. *Cancellaria angusta.* Wat. pl. 2, fig. 3, 4.

Localité : Sermoise; sables inférieurs, groupe n° 2.

Cette cancellaire dont je ne possède qu'un échantillon incomplet et un jeune, est une coquille un peu ventrue, ayant la spire aussi longue que le dernier tour. Les tours sont au nombre de six ou sept, convexes et séparés par une suture presque simple, à peine modifiée par des côtes longitudinales qui y forment des crénelures peu sensibles. Ces côtes qui couvrent la surface sont peu saillantes et sont traversées par des stries peu visibles. Les varices assez fortes et arrondies sont régulièrement espacées. L'ouverture est ovale, oblongue et terminée par un canal simple et court. La columelle est un peu calleuse, et porte deux plis bien marqués. Le bord droit est bordé par un bourrelet assez gros et arrondi comme les varices. Longueur présumée 25 mill., largeur 10. Les échantillons sont silicifiés.

XVI.

Fuseau de Hébert. *Fusus Heberti.* Wat. pl. 2, fig. 10, 11, 12.

Localité : Osly; sables inférieurs, groupe n° 2.

Ce fuseau est court et ventru, et d'un aspect fort agréable. On compte sur la spire six ou sept tours convexes, chargés de grosses côtes longitudinales et nombreuses. Les tours sont traversés par cinq ou six petits filets sur chacun, mais dont le dernier est tout couvert. La suture est modifiée seulement par l'extrémité des côtes qui la font onduler. Le dernier tour est aussi long au moins que la spire, et il se termine par un canal assez court. La columelle est cylindracée, un peu torse, et le bord droit qui est comme festonné est bordé par un bourrelet semblable aux côtes. A l'entrée de l'ouverture, on aperçoit un certain nombre de petites granulations. Il est très-rare. Long de 12 mill. et large de 6.

XVII.

Sépioster tricariné. *Sepiostera tricarinata.* Wat. pl. 2, fig. 27, 28, 29.

Localités : Pommiers et Vauxbuin ; sables inférieurs, groupe n° 2.

Les fragments de cette espèce présentent à leur extrémité postérieure un bec assez long, épais, tricariné et fortement courbé en arc de cercle. Il est muni en dessous d'un sillon peu creux qui ne parcourt que la moitié de la surface. La lamelle inférieure renversée sur la base du bec forme un contour arrondi, festonné et fortement plissé en forme de collerette. Au-dessus, on remarque une concavité qui se prolonge en un trou qui perfore une partie du bec dans le sens de sa longueur. Les autres parties sont trop mutilées pour pouvoir être décrites sûrement. Rare. Dimension de la figure.

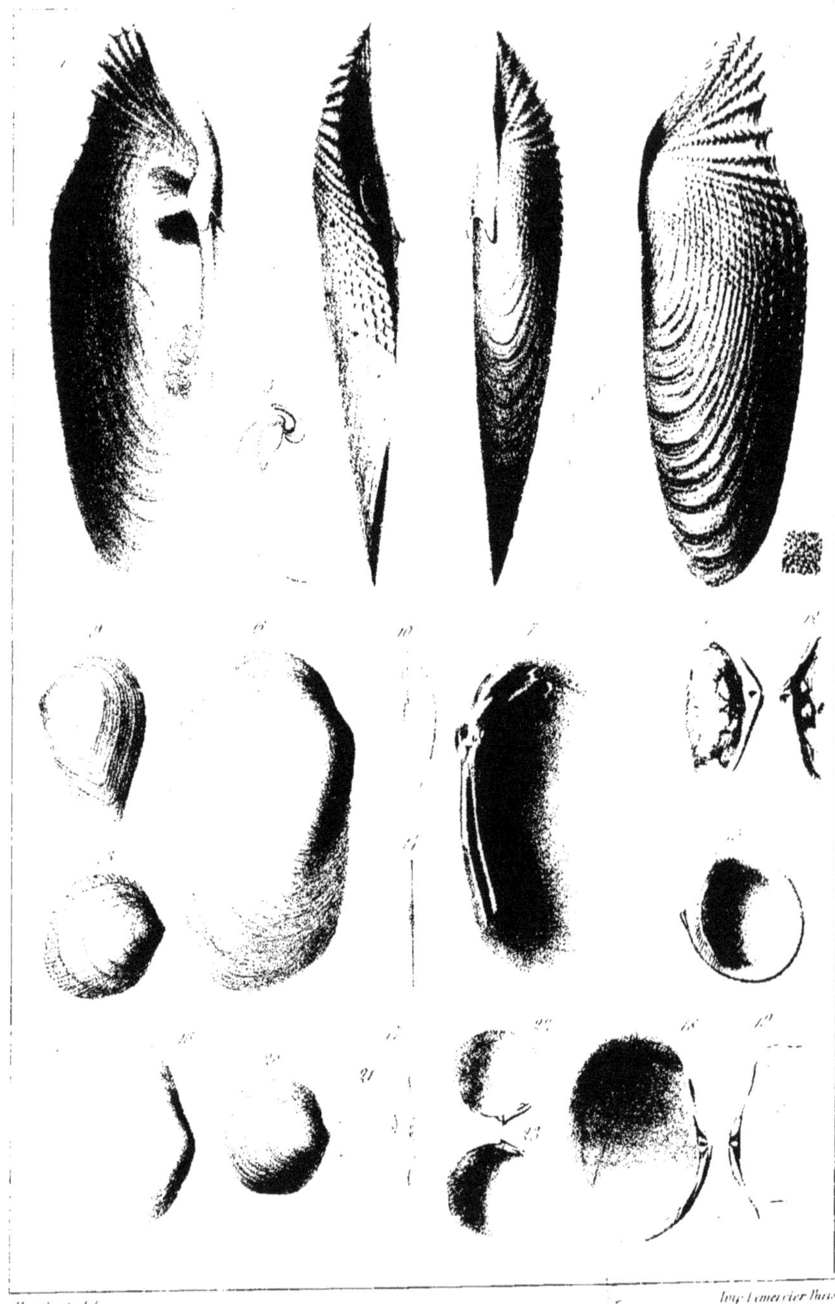

12.3.4.5. *Pholas Levesquei*. Wat.
6.7.8. *Unio Deshayesi* Watelet
9.10.11.12. *Crassatella propinqua* Wat.

13.14.15. *Pectunculus angustidens*. Wat.
16.17.18.19. *Tellina decorata* Wat.
20.21.22.23. *Lucina ventricosa* Wat.

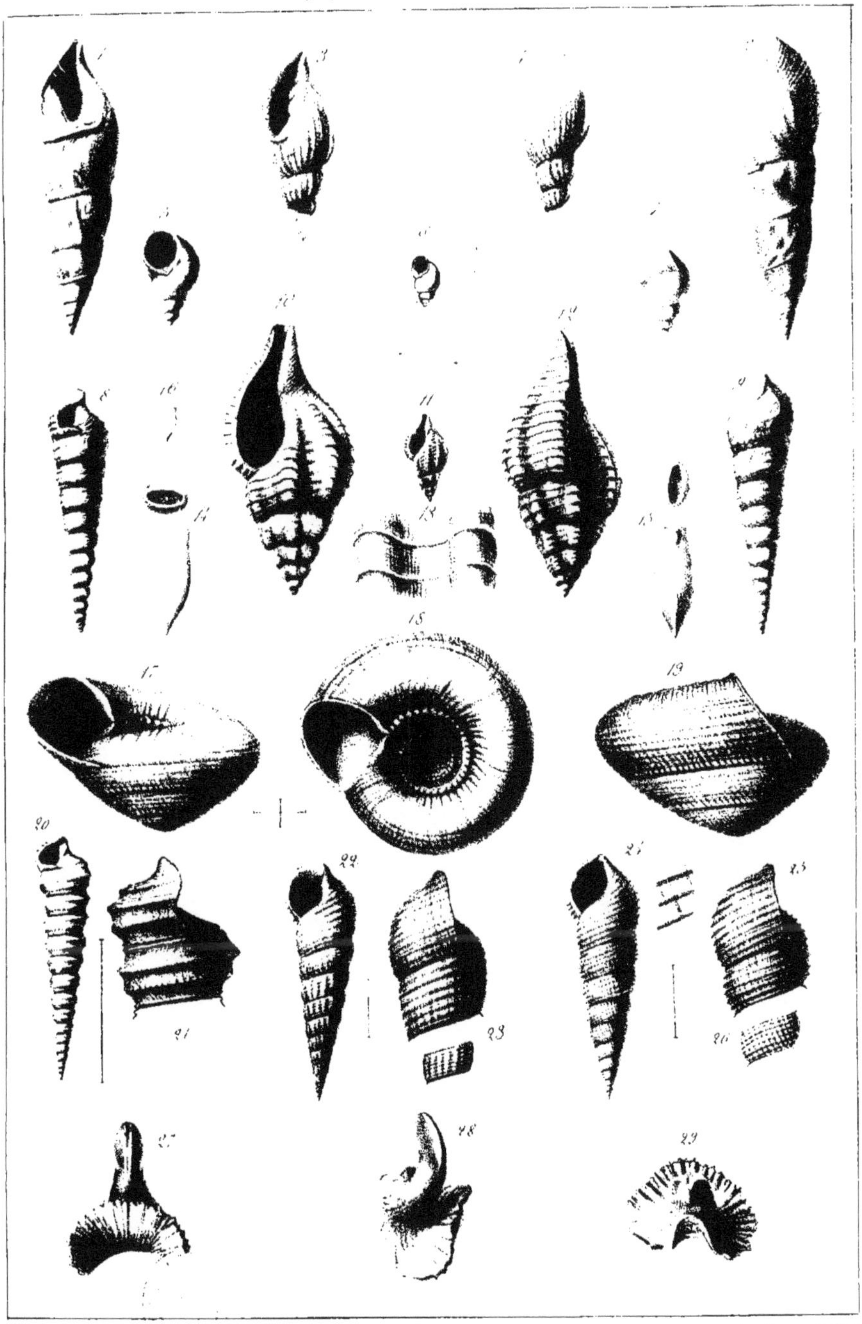

Humbert del. Imp. Lemercier Paris

1.2. *Melanopsis cerithiformis.* Wat.
3.4. *Cancellaria angusta.* Watelet.
5.6.7. *Paludina pullus.* »
8.9. *Cerithium Wateleti.* Desh.
10.11.12.13. *Fusus Heberti.* Wat.
14.15.16. *Cleodora parisiensis.* Wat.
17.18.19. *Solarium Suessoniense.* Wat.
20.21. *Cerith:um polygyratum.* »
22.23. ——— *parcicostatum.* »
24.26. ——— *Philippardi* »
27.28.29. *Sepiostera tricarinata* »